油气储运企业高风险作业安全检查系列丛书

正压式空气呼吸器使用与安全检查

国家管网集团东部原油储运有限公司　组织编写

中国石化出版社

图书在版编目（CIP）数据

正压式空气呼吸器使用与安全检查 / 国家管网集团东部原油储运有限公司组织编写 . — 北京：中国石化出版社，2022.10
（油气储运企业高风险作业安全检查系列丛书）
ISBN 978-7-5114-6807-9

Ⅰ. ①正… Ⅱ. ①国… Ⅲ. ①石油与天然气储运 – 正压 – 工业设备 – 呼吸器 – 安全检查 – 技术培训 – 教材 Ⅳ. ① TE88

中国版本图书馆 CIP 数据核字（2022）第 155873 号

中国石化出版社出版发行
地址：北京市东城区安定门外大街 58 号
邮编：100011　电话：（010）57512500
发行部电话：（010）57512575
http : //www.sinopec-press.com
E-mail : press@sinopec.com
北京富泰印刷有限责任公司印刷
全国各地新华书店经销
*
787 × 1092 毫米 32 开本 1.25 印张 22 千字
2023 年 9 月第 1 版　2023 年 9 月第 1 次印刷
定价：18.00 元

《油气储运企业高风险作业安全检查系列丛书》

编委会

《正压式空气呼吸器使用与安全检查》

编审人员

主　编：王兢兢　李　军　胡志诚

审　核：姜志兵　刘英剑

前言

正压式空气呼吸器是指利用压缩空气的正压进行供给的呼吸器。

为规范正压式空气呼吸器的检查、使用与维护等内容，国家管网集团东部原油储运有限公司根据AQ/T 6110—2012《工业空气呼吸器安全使用维护管理规范》、TSG 23—2021《气瓶安全技术规程》、XF 124—2013《正压式消防空气呼吸器》、Q/DBCY 1029《消防器材技术手册》等相关标准和现场情况组织业内专家编写了本书。

目录

第一章 正压式空气呼吸器简介

一、分类和选型

空气呼吸器按照瓶体材质一般分为钢瓶式和碳纤维式。按照供气源不同，分为自给式和外供式。

目前配置一般为碳纤维式正压空气呼吸器，又叫复合瓶正压式空气呼吸器，是一种自给开放式空气呼吸器。其广泛应用于消防、化工、船舶、石油、冶炼、仓库、试验室、矿山等部门，供消防员或抢险救护人员在浓烟、毒气、蒸汽或缺氧等各种环境下安全有效地进行灭火、抢险救灾和救护工作。该空气呼吸器适用于全距离作业，由于本身备有气瓶，不需再呼吸外部空气，可以自由移动，适用所有作业。

二、工作原理

正压式空气呼吸器配有高压压缩气瓶，置放于背板上，可为使用者提供可呼吸空气。气瓶内的高压压缩空气通过减压阀进行一级减压降为中压，再经过供气阀二级减压后，通过面罩向使用者提供正常压力空气。

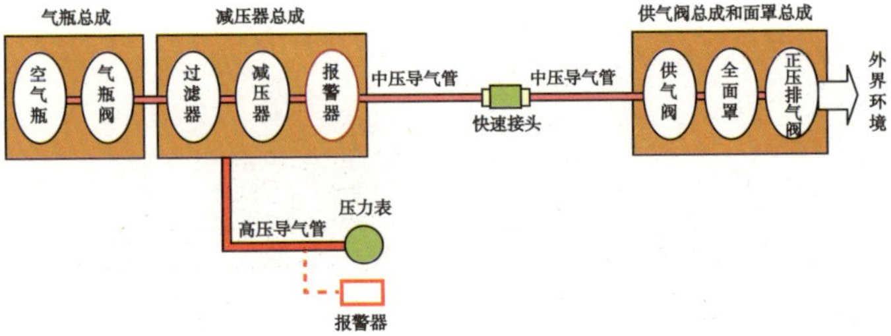

三、结构与组成

正压式空气呼吸器由面罩、供气阀、气瓶、减压阀、背架、压力表等部件组成。

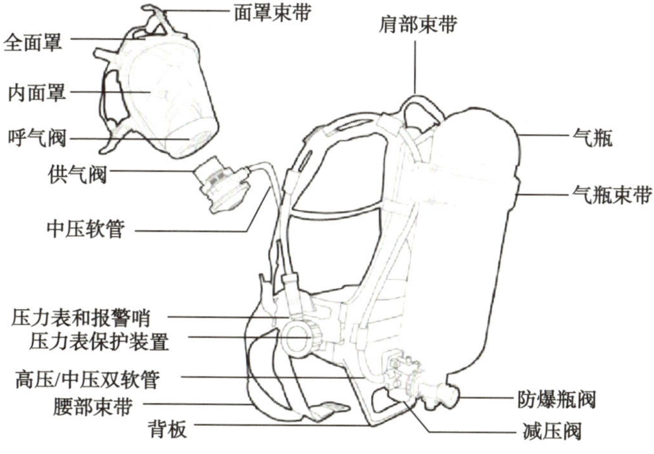

正压式空气呼吸器

1. 供气阀

供气阀是将减压器输出的中压气体按照佩戴者的吸气量，减压至人体可以呼吸的压力，供佩戴者呼吸的装置。

2. 减压阀

减压阀是将气瓶内高压气体减压后，输出 0.7MPa 的中压气体，经中压导气管送至供气阀供人体呼吸的装置。

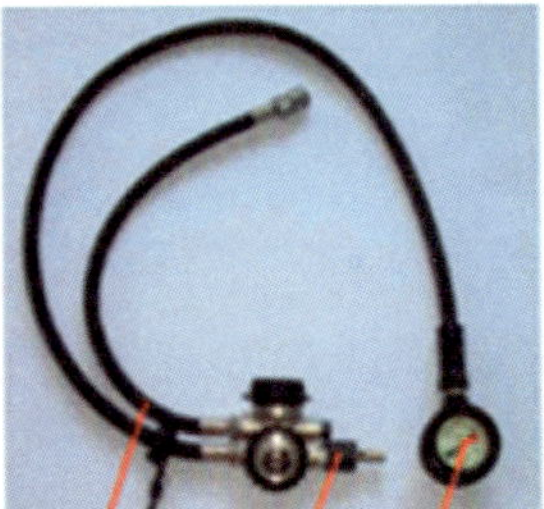

3. 背架

背架主要包括背板、背带、腰带、气瓶固定带等，是保持整套装具与人体良好佩戴的装置。

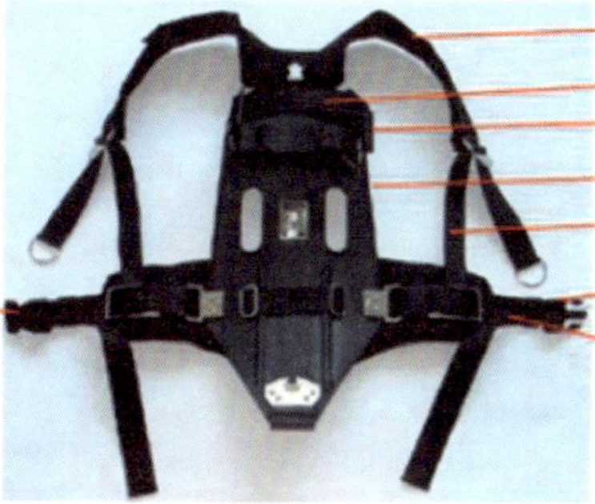

4. 面罩

面罩主要由面罩体、透镜、进气口、出气口、口鼻罩、头带组成，部分有通话功能的正压式空气呼吸器面罩内有通话膜片。下图为全面罩。

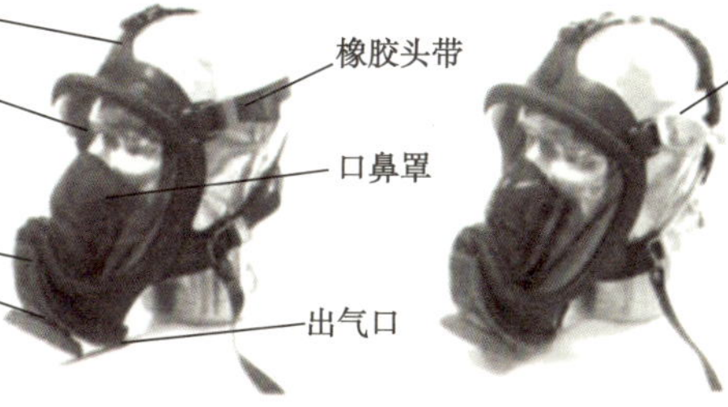

全面罩

5. 气瓶组件

气瓶是储存和压缩空气的高压容器，最高工作压力为 30MPa，气瓶上设有气瓶阀和阀开关手轮。

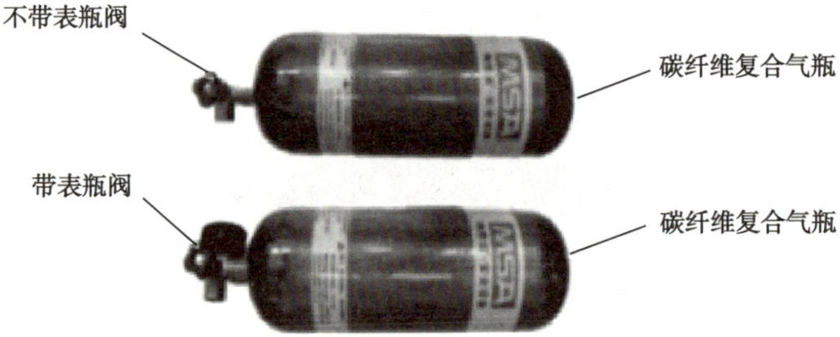

压缩气瓶（图示为6.8L气瓶规格）

第二章 正压式空气呼吸器操作与使用

一、采购与选择

（1）按照 XF 124—2013《正压式消防空气呼吸器》进行采购，并编制技术协议（技术规格书），明确快速充气装置、远距离通话装置技术要求，更好应用于应急救援。配置现场的空气呼吸器应具有出厂合格证或质量证明文件、使用说明书、气瓶检测报告、3C 认证、型式检验报告，经检测合格后方可使用。

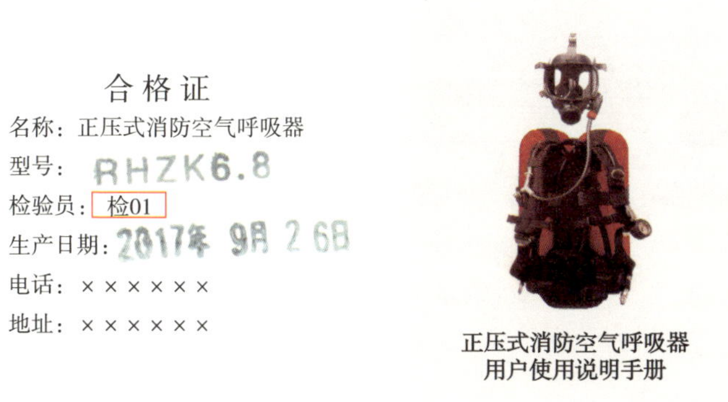

（2）基层站（库）和抢维修队按照《东部原油储运有限公司硫化氢防护安全管理细则》、专职消防队按照《专职消防队车辆、装备及个人防护和服装配备标准》的要求进行配置，同一岗位或同一地点应配置同一生产厂家的正压式空气呼吸器，以方便操作和维护。

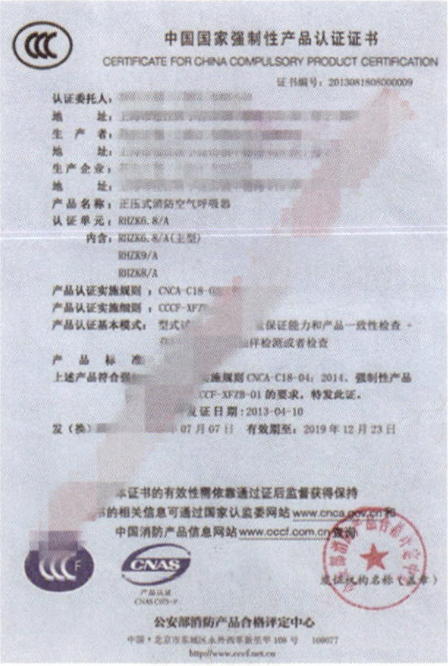

中国国家强制性产品认证证书
CERTIFICATE FOR CHINA COMPULSORY PRODUCT CERTIFICATION
证书编号：2013081808000009
认证委托人：
地　　址：
生 产 者：
地　　址：
生产企业：
地　　址：
产品名称：正压式消防空气呼吸器
认证单元：RHZK6.8/A
内含：RHZK6.8/A（主型）
RHZK9/A
RHZK8/A
产品认证实施规则：CNCA-C18-
产品认证实施细则：CCCF-XF
产品认证基本模式：型式试……保证能力和产品一致性检查＋……样检测或者检查
产 品 标 准：
上述产品符合……施规则 CNCA-C18-04：2014、强制性产品……CCF-XFZB-01 的要求，特发此证。
发证日期：2013-04-10
发（换）……07 月 07 日　有效期至：2019 年 12 月 23 日
本证书的有效性需依靠通过证后监督获得保持
……的相关信息可通过国家认监委网站 www.cnca.gov.cn 和中国消防产品信息网站 www.cccf.com.cn 查询
发证机构名称（盖章）
公安部消防产品合格评定中心

3C 认证证书

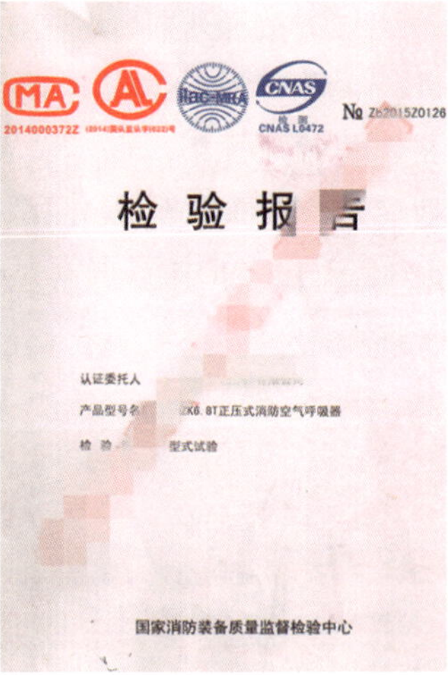

2014000372Z
CNAS L0472
№
检验报告
认证委托人
产品型号名称　……K6.8T正压式消防空气呼吸器
检验类别　型式试验
国家消防装备质量监督检验中心

型式检验报告

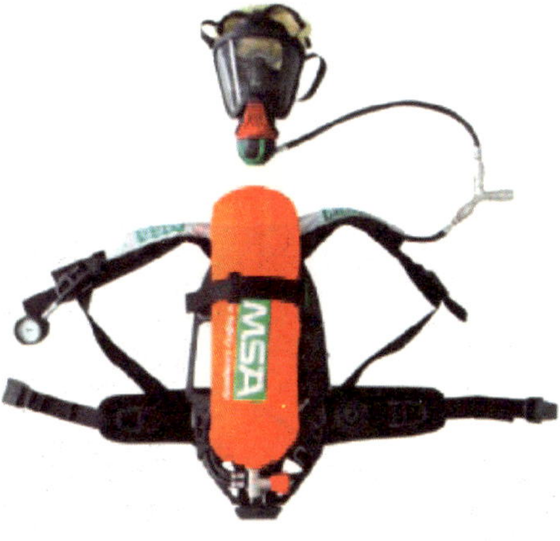

正压式空气呼吸器

二、使用前检查

紧急救援时重点检查以下第（2）、（3）、（4）、（6）项。

（1）正压式空气呼吸器外表有无损坏并核对标识是否在有效使用期内。

（2）打开气瓶阀，向正压式空气呼吸器供气，待压力表稳定后检查气瓶压力。

（3）检查各连接部位是否漏气。关闭气瓶阀，观察压力表 1min，指示值下降不允许超过 2MPa。

（4）检查面罩与面部的密封性。戴上面罩堵住接口吸气并保持 5s，无漏气现象。

（5）检查供气阀性能。将供气阀与面罩连接，试呼吸 8~12 次，呼吸顺畅。

（6）检查警报器。观察压力表值在 5~6MPa 时警报器鸣响。

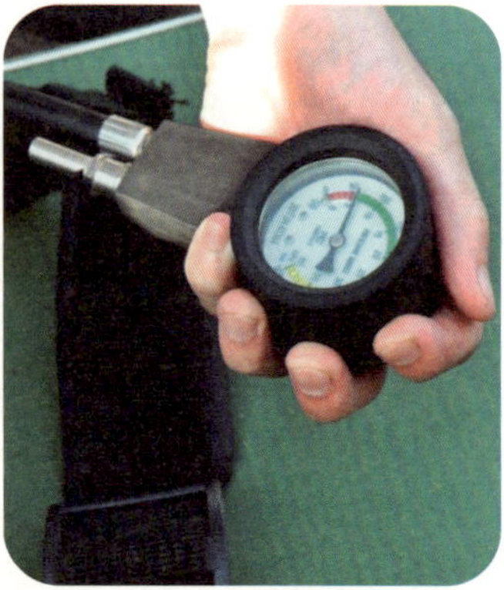

三、佩戴使用

（1）背起装配完整的空气呼吸器。采用将正压式空气呼吸器举过头顶的方法佩戴时，应双手握住背托两侧的握柄，双手松开握柄并向上伸直，让正压式空气呼吸器自然滑落在背上。若采用侧面背正压式空气呼吸器的方法佩戴时，应将正压式空气呼吸器气瓶阀位于瓶体下方，一只手提起同侧肩带，将正压式空气呼吸器顺势甩至身后，并穿过肩带，另一只手穿过另一侧肩带。

（2）双手扣住身体两侧肩带，身体前倾。收紧肩带，直到肩带及背板与身体充分贴合。

（3）扣上腰带扣，双手向前拉紧腰带，保证腰带紧固住身体。

（4）确认正压式空气呼吸器的供气阀处于关闭状态，打开气瓶阀 2.5 圈以上。

（5）挂上面罩带，松开安全帽系绳，将安全帽推到背后，将面罩由下颌部套入并贴合面部，把五点束带的中心放在头顶的后方，均匀地由上至下抽拉束带的五个端部，调节束带使其适当束紧，戴上安全帽，系好安全帽系绳。

（6）将正压式空气呼吸器的供气阀推入面罩接口，听到“咔嗒”的声音，同时用手做拔出试验，无法拔出则表示正确连接。

（7）进行 2~3 次呼吸，感觉舒畅，说明一切正常。

四、脱卸

（1）按下供气阀两侧开启开关，脱离面罩，供气阀应处于关闭状态。

（2）松开安全帽系绳，将安全帽推到背后，将头带松开，脱开面罩。

（3）将减压阀手轮右旋关上气瓶开关，关闭气瓶。按压供气阀按钮，将系统内余气排尽。

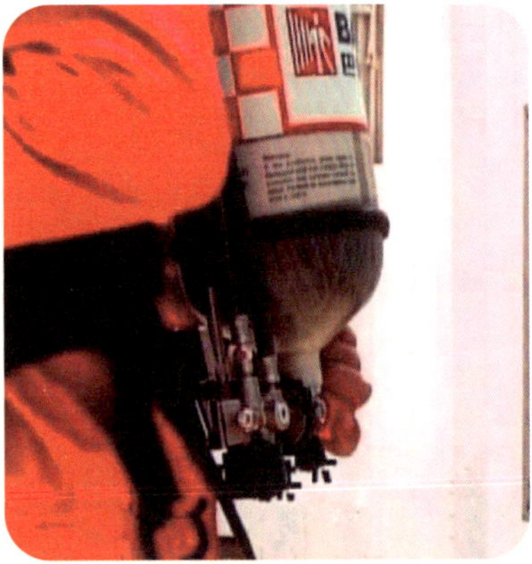

将减压阀手轮右旋关上气瓶开关

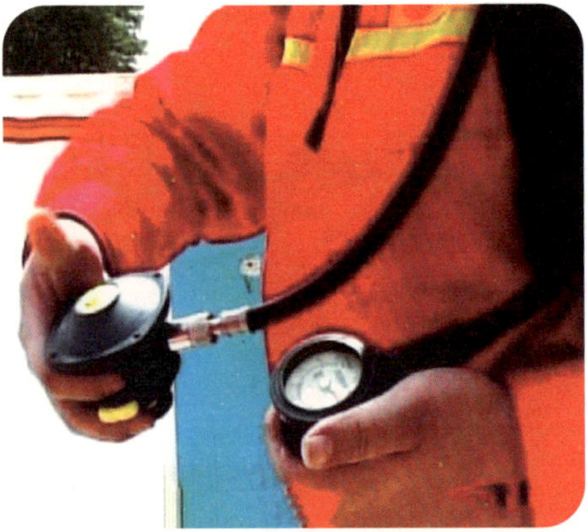

轻按供气阀黄色控制按钮，排空整个系统

（4）打开腰带扣，向外拨动肩带，脱开肩带，抓住肩带卸下正压式空气呼吸器，放置到指定位置。

五、注意事项

（1）正压式空气呼吸器的面罩与皮肤之间无头发或胡须等，确保面罩密封。

（2）正压式空气呼吸器使用过程中，要注意报警器发出的报警信号，听到报警信号后应立即撤离现场，常规 6.8L 气瓶使用时间一般为 20~30min。

（3）必须经常查看气瓶压力表，一旦发现高压表指针快速下降或发现不能排除的漏气时，应立即撤离现场。

（4）在离开工作区域的过程中，切勿将面罩褪下。

（5）正压式空气呼吸器使用后，对压力不在备用要求范围的气瓶及时更换。

第三章 正压式空气呼吸器检查与维护

一、日常检查

（1）按照检查频次对正压式空气呼吸器进行检查，并填写检查卡，发现问题及时汇报并处理。

（2）检查内容：

①应完成使用前检查的所有项目内容。

②检查各组件。不应有严重变形。

③检查面罩密合框与佩戴者面部贴合情况。应贴合良好，无明显压痛感。

④检查面罩视窗。其应具备防雾功能，清晰度良好。

⑤检查所有组件。确保其无老化、开裂、异常收缩、脱胶、脆化现象。

⑥检查气瓶外表面。确保其无变形、脱层、鼓包、暴露纤维等缺陷，气瓶阀输出端螺纹无损坏。

⑦试验供气阀自动正压装置。确保正压式空气呼吸器面罩内可正压供气。

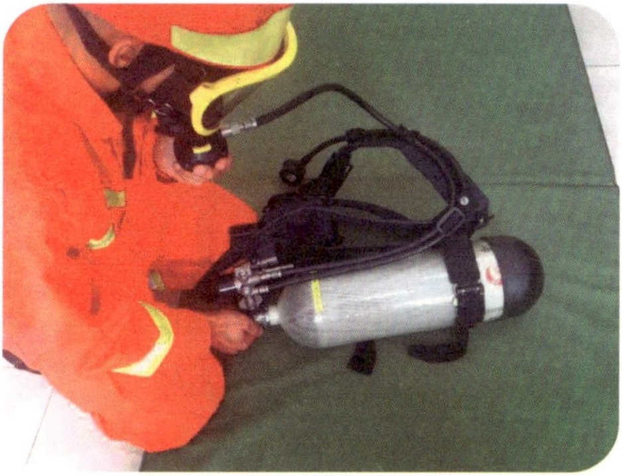

⑧检查减压器输出压力调整装置。确保设置的锁紧装置有效。

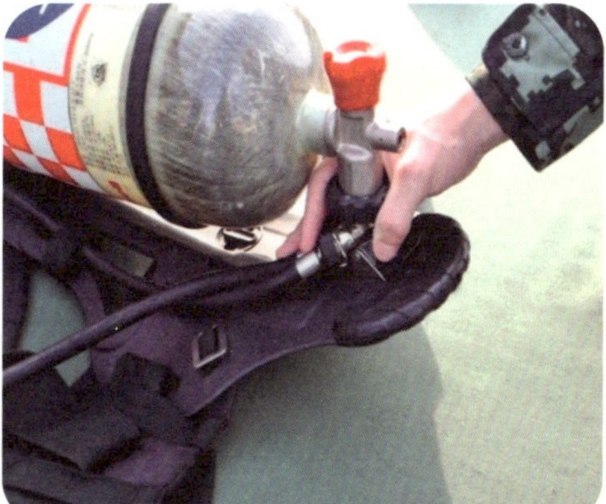

⑨检查导气管、供气阀、减压器、面罩、背板及气瓶的使用年限及定期技术检测标识。确保正常。

二、维护

1. 面罩

用过的、脏的面罩可用温水加中性清洁剂进行清洗。将吸气阀座和呼气阀片卸下，单独清洗，干燥后装配。清洗过的部件不得利用辐射热（阳光、电热器等）进行干燥。使用干燥箱时，温度不得超过 50℃。

2. 供气阀

使用中性消毒液清洗供气阀外壳，并用大量水漂洗。

3. 减压器

检查减压器与瓶阀连接处的高压密封圈，受损时要更换。

4. 高、中压管

保持高、中压管外表面清洁，可用清水或温和的洗涤剂进行清洗，清洗完毕，用干布擦干。

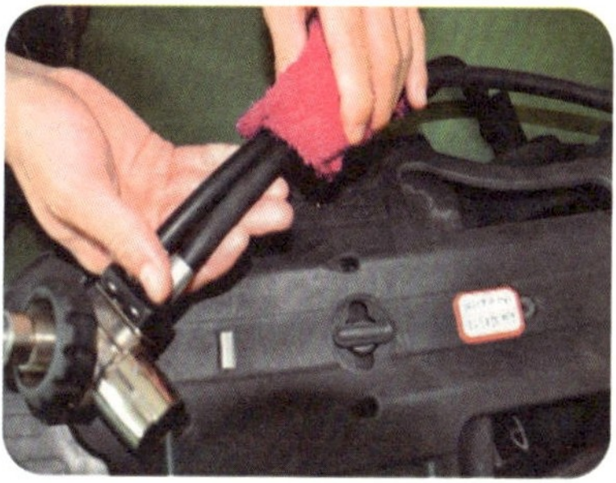

5. 气瓶及阀门

（1）用中性清洗剂或水温不超过60℃的洁净水清洗气瓶外表面的污垢、腐蚀物、疏松的表面保护层等有碍表面检查的杂物。

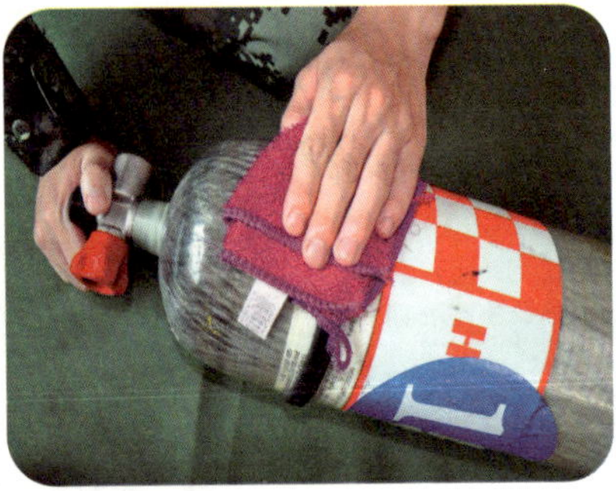

（2）库存或停用时间超过一个检验周期的气瓶，启用前应进行检验。

（3）碳纤维复合气瓶受到严重损伤，应禁止使用。

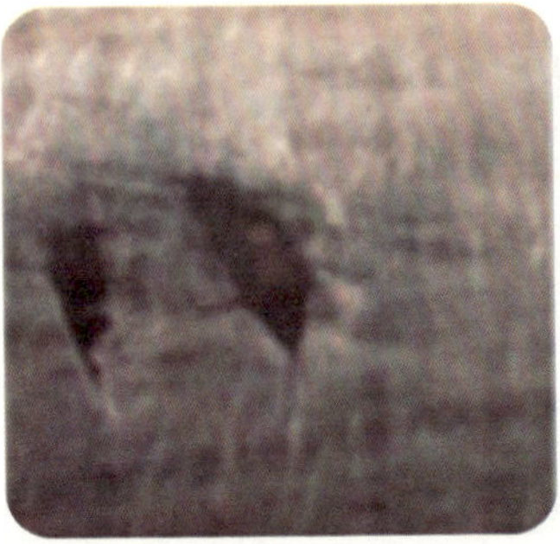

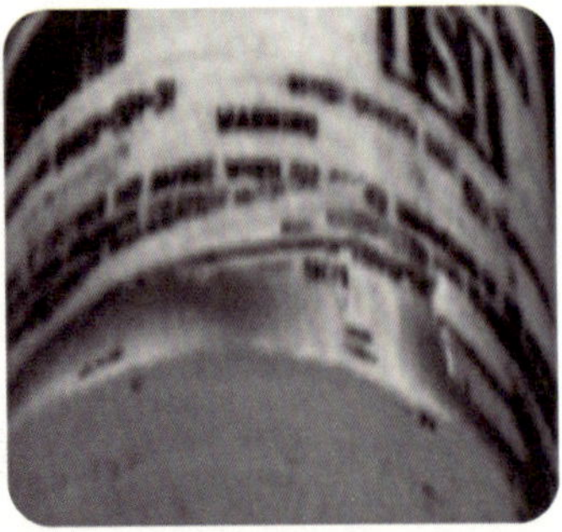

第四章 正压式空气呼吸器充装、检测与报废

一、充装

（1）应急使用的正压式空气呼吸器的气瓶压力低于规定要求时，应采用备用气瓶更换或重新充装，备用气瓶的压力不低于 24MPa。气瓶充装须按《气瓶安全监察规程》（国家质量监督检验检疫总局令第 46 号）规定执行，不得随意进行现场充装，充装后气瓶压力要达到 28~30MPa。

（2）使用单位现场建有气瓶充装设施的，现场条件应符合 GB 27550—2011《气瓶充装站安全技术条件》的规定，且应在当地经省级特种设备安全监管部门许可

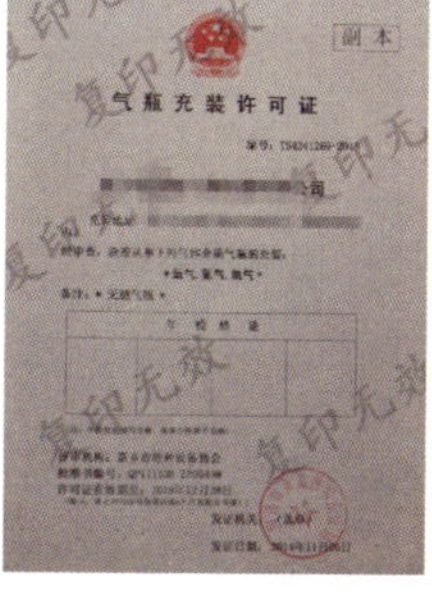

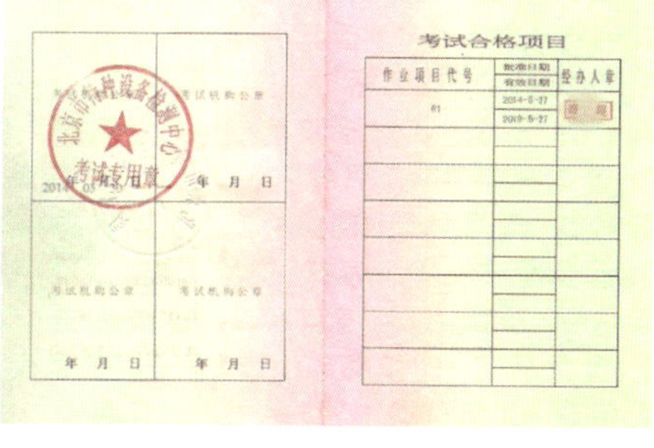

并注册登记，气瓶充装人员需持有国家认可的“特种设备作业人员证”。当现场条件不具备时应委托有能力的部门进行充装。

二、检测

1. 气瓶检测

（1）气瓶检验按 GB 24161—2009《呼吸器用复合气瓶定期检验与评定》要求进行。

（2）气瓶的定期检验周期为 3 年，气瓶定期检验机构必须具有当地省级质量技术监督行政部门颁发的 PD5（复合气瓶）检验资质。

中华人民共和国
特种设备检验检测机构核准证
Inspection and Testing Institution Approval Certificate of Special Equipment
People's Republic of China

（气瓶检验机构）

编号：TS7261042-2020

机构名称：公司

机构地址：

经审查，获准从事下列项目的气瓶定期检验工作：

核准项目代码	核准项目	备注
PD5	呼吸器用复合气瓶	

审批机关：陕西省质量技术监督局　　发证机关：

有效期至：2020 年 02 月 26 日　　发证日期：2016 年 02 月 04 日

营业执照

（副　本）1-1

统一社会信用代码

名　　称　公司

类　　型　有限责任公司(自然人投资或控股)

住　　所

法定代表人

注册资本

成立日期　2009 年 03 月 13 日

营业期限　长期

经营范围　空气呼吸器、氧气呼吸器技术指标检验、检测、维修及销售；安全仪器鉴定；小容积缠绕气瓶定期检验与评定；PD5 空气呼吸复合气瓶定期检验；充氧机、空气充气机维修、检测及销售；各类气体防护器材及劳保用品的销售；气防员专业技术培训，气体防护技术咨询。（依法须经批准的项目，经相关部门批准后方可开展经营活动）

登记机关

2016 年 07 月 05 日

（3）气瓶检验机构应出具书面定期检验证书，检测合格后应在气瓶外表面粘贴检验标识，标识包括检测合格证、本次检验日期、下次检验日期、检验机构名称等信息。

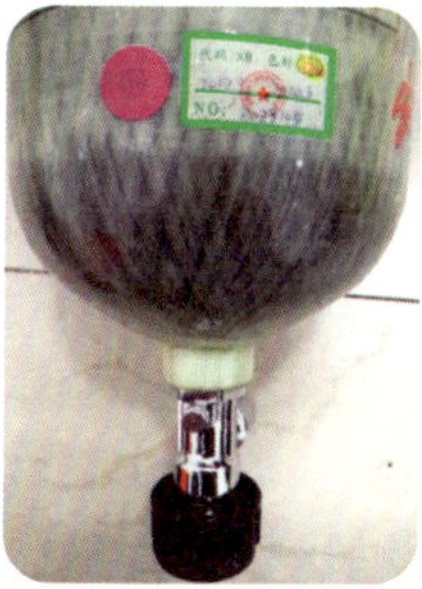

复合气瓶外观检查评估表

气瓶使用单位											
地址											
公称工作压力	30MPa	制造日期	2017.8	有无气体	有	有无瓶阀	有				
是否修理过	否	邮政编码	211400	电话	13651522119	检验日期	2019.08.11				
水压试验日期	2019.08.11	气瓶水容积	6.8L	气瓶颜色	黑灰	气瓶编号	1707124159				
外部检查											
热损伤痕迹	无	有无划伤	无	有无磨损	无						
有无分层	无	有无异常变形	无								
外表面描述	合格										
缺陷位置描述	无										
其他	无										
合格	√	待修复	×	判废	×						
内部检查											
有无气味	无	杂物的种类和数量	无								
内表面状况描述	合格										
缺陷位置描述	无										
其他	无										
合格	√	待修复	×	判废	×						
瓶口螺纹检查											
螺纹规格	M18x1.5	螺纹状况描述	完好								
螺纹状况评估	合格										
其他	无										
合格	√	待修复	×	判废	×						
气瓶阀检验											
气瓶阀编号	无	气瓶线与气瓶连接螺纹状况描述	合格								
气密状况描述	合格										
爆破片是否更换	是	×	否	√							
复合气瓶状况											
合格气瓶	√	粘贴标签	√								
待修复气瓶	×	粘贴标签	×	清洗	×	修复	×	水压	×	丢弃	×
其他建议	无										
报废气瓶	×	粘贴标签	×								
检验员	王刚	资格证号	115802141017001450	日期	2017.5.26						

2. 正压式空气呼吸器检测（不含气瓶）

（1）在用正压式空气呼吸器应由定期技术检测机构每年检测一次，定期技术检测机构应是使用单位、制造商或第三方检测服务商，定期技术检测机构必须建立完善的质量管理体系和检测工作流程，具有经过空气呼吸器检测技术培训的人员和压力表校准资质及校准人员，具有定期技术检测设备。使用单位或制造商不具备条件的，应委托有资质的检测机构检测，检测机构必须取得当地省级质量技术监督部门资质认定。

（2）正压式空气呼吸器检测内容包括结构要求、佩戴质量、整机气密性、动态呼吸阻力、静态压力、报警器性能、全面罩性能、减压阀性能、安全阀性能、供气阀性能、压力表，检测合格后应在背架表面粘贴检验标识，标识包括检测合格证、本次检验日期、有效期、检验机构名称等信息。正压式消防空气呼气器检测标准按照 XF 124—2013《正压式消防空气呼吸器》执行。

合格证

公司

正压式消防空气呼吸器检验报告

编号：A25725　　　　第2页 共2页

检验结果汇总							
序号	检验项目	标准要求		检验结果		单项结论	备注
1	[illegible]	[illegible]		符合要求		合格	
2	[illegible]	气瓶装满质量应不大于18kg（压力30MPa时）		13.4	kg	合格	
3	[illegible]	呼吸器在气密性能试验后，其压力表的压力指示值在1min内的下降不应大于2MPa		0.6	MPa	合格	
4	动态呼吸阻力	30MPa~2MPa	[illegible]	吸气阻力：235	Pa	合格	
				呼气阻力：375	Pa		
		2MPa~1MPa	[illegible]	吸气阻力：220	Pa		
				呼气阻力：565	Pa		
5	静态压力	静态压力不应大于500Pa，且不应大于呼气阀的开启压力		214	Pa	合格	
6	报警器性能（气动）	[illegible]		报警压力：5.8	MPa	合格	
				声　强：96	dB(A)		
				声响频率：2830	Hz		
				持续时间：34	S		
7	全面罩性能	[illegible]		[illegible]		合格	
		总视野保留率不应小于70%，双目视野保留率不应小于55%，下方视野不应小于35°		总视野：70%			
				双目视野：66%			
				下方视野：42°			
		镜片透光率不应小于85%		透光率：87%			
8	减压器性能	减压器输出压力：（0.7±0.05MPa）		0.73	MPa	合格	
9	安全阀性能	安全阀开启压力：（1.1±0.2MPa）		1.21	MPa		
10	供气阀性能	供气阀开启压力：（420~600Pa）		0	Pa	合格	
11	压力表（指针式）	[illegible]		量程：0-40	MPa	合格	
				最小分格：1	MPa		
				精度：1.6	级		
				是否夜光：是			
		瓶阀关上后当为10MPa时压力表显示的压力		显示压力：10.2	MPa		
批准：		审核：		检验员：			

检测报告

检验检测机构

资质认定证书

证书编号：162721340361

名称：

地址：

经审查，你机构已具备国家有关法律、行政法规规定的基本条件和能力，现予批准，可以向社会出具具有证明作用的数据和结果，特发此证。资质认定包括检验检测机构计量认证。

许可使用标志

CMA

162721340361

发证日期：2016年06月12日

有效期至：[illegible]年06月12日

发证机关：

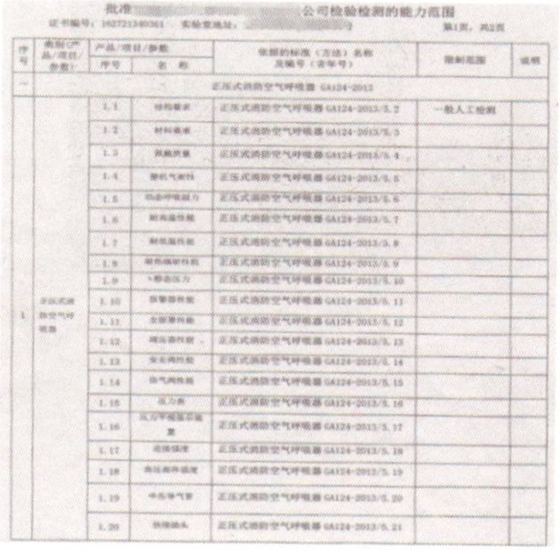

批准　　　　公司检验检测的能力范围

证书编号：162721340361　实验室地址：　　　　第1页，共2页

序号	类别（产品/项目/参数）	产品/项目/参数 序号	名称	依据的标准（方法）名称及编号（含年号）	限制范围	说明
一	正压式消防空气呼吸器 GA124-2013					
1	正压式消防空气呼吸器	1.1	[illegible]	正压式消防空气呼吸器 GA124-2013/5.2	一般人工检测	
		1.2	[illegible]	正压式消防空气呼吸器 GA124-2013/5.3		
		1.3	[illegible]	正压式消防空气呼吸器 GA124-2013/5.4		
		1.4	[illegible]	正压式消防空气呼吸器 GA124-2013/5.5		
		1.5	动态呼吸阻力	正压式消防空气呼吸器 GA124-2013/5.6		
		1.6	[illegible]	正压式消防空气呼吸器 GA124-2013/5.7		
		1.7	[illegible]	正压式消防空气呼吸器 GA124-2013/5.8		
		1.8	[illegible]	正压式消防空气呼吸器 GA124-2013/5.9		
		1.9	静态压力	正压式消防空气呼吸器 GA124-2013/5.10		
		1.10	报警器性能	正压式消防空气呼吸器 GA124-2013/5.11		
		1.11	全面罩性能	正压式消防空气呼吸器 GA124-2013/5.12		
		1.12	减压器性能	正压式消防空气呼吸器 GA124-2013/5.13		
		1.13	安全阀性能	正压式消防空气呼吸器 GA124-2013/5.14		
		1.14	供气阀性能	正压式消防空气呼吸器 GA124-2013/5.15		
		1.15	压力表	正压式消防空气呼吸器 GA124-2013/5.16		
		1.16	[illegible]	正压式消防空气呼吸器 GA124-2013/5.17		
		1.17	[illegible]	正压式消防空气呼吸器 GA124-2013/5.18		
		1.18	[illegible]	正压式消防空气呼吸器 GA124-2013/5.19		
		1.19	中压导气管	正压式消防空气呼吸器 GA124-2013/5.20		
		1.20	快速接头	正压式消防空气呼吸器 GA124-2013/5.21		

检测机构资质

三、报废

正压式空气呼吸器存在以下情况之一时，应予以报废。

（1）达到产品说明书规定的使用年限。

（2）使用中频繁出现故障，经修理无法达到技术指标。

（3）经技术检测机构定期检测，认定应报废。

（4）因使用或存放环境过于恶劣，使用单位认为应当提前报废。